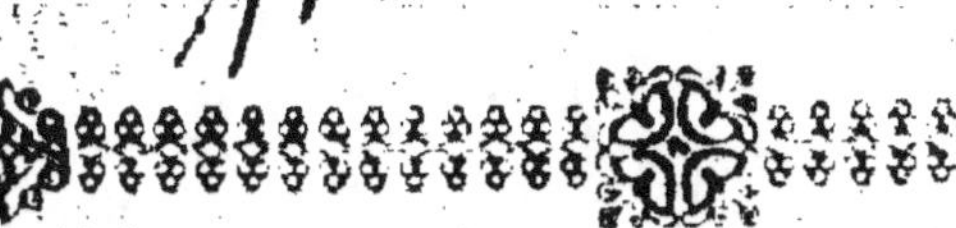

EXAMEN

DE QUELQUES QUESTIONS

DE

TRAVAUX PUBLICS,

PAR

HENRI FOURNEL,

INGÉNIEUR AU CORPS ROYAL DES MINES.

PARIS.

LADRANGE, LIBRAIRE,

19, QUAI DES AUGUSTINS.

1838.

EXAMEN

DE QUELQUES QUESTIONS

DE

TRAVAUX PUBLICS.

EXAMEN

DE QUELQUES QUESTIONS

DE

TRAVAUX PUBLICS,

PAR

HENRI FOURNEL,

INGÉNIEUR AU CORPS ROYAL DES MINES.

PARIS.

LADRANGE, LIBRAIRE,

19, QUAI DES AUGUSTINS.

1837.

J'ai réuni dans cette brochure plusieurs articles qui ont une relation assez intime entre eux, et dont une partie seulement a été publiée dans le *Journal des Débats* (juin-août 1857). Pour ce qui concerne les chemins de fer, je ne me suis pas contenté de résumer la discussion de manière à l'amener au point où elle est restée à la dernière session, j'ai essayé de résoudre quelques-unes des difficultés devant lesquelles la Chambre s'était arrêtée.

Canaux.

COMPTE RENDU

DE L'OUVRAGE PUBLIÉ

PAR M. LE COMTE PILLET-WILL,

sous le titre suivant :

De la Dépense et du Produit des Canaux et des Chemins de fer.

— 18 JUIN ET 9 JUILLET 1837. —

COMPTE RENDU

DE L'OUVRAGE PUBLIÉ

PAR M. LE COMTE PILLET-WILL.

Voici remises sur le tapis la question tant de fois agitée des canaux, des emprunts faits par l'État pour leur construction, et des lenteurs de leur achèvement. C'est M. Pillet-Will qui, dans un ouvrage doublement remarquable, et par la manière dont il est exécuté, et parce que son auteur était resté jusque là étranger aux études de l'ingénieur, c'est M. Pillet-Will qui présente un tableau complet de la dépense et des produits de ces grands travaux d'art qui marquent notre époque et sont un des caractères de notre vie du dix-neuvième siècle. Si le titre nomme les chemins de fer, c'est sans doute un acte de soumission à la tyrannie de la mode; car le livre en parle si incomplétement que nous croyons pouvoir n'en point parler du tout. Ce titre est loin de donner une idée exacte d'un livre dont presque toutes les pages sont consacrées à certains canaux avec une prédilection si prononcée qu'en lisant les détails circonstanciés sur les canaux privilégiés de l'auteur, on ne peut s'empêcher de voir, dans la publication de M. Pillet-Will, un *Mémoire pour la compagnie des quatre canaux;* Mémoire habile, dont la pensée profonde est une question de finances qui perce dans chaque chapitre, dans chaque tableau, dans chaque digression apparente, sans jamais se montrer à nu, et dont la conclusion, abandonnée à la sagacité du lecteur, peut se traduire par ces mots : « Détermination de la valeur de l'action de jouissance. » Nous allons connaître bientôt la raison d'existence de ce mot.

L'auteur a placé en tête de son livre une introduction fort avancée dans laquelle il traite diverses questions d'économie politique dont il déduit la solution, de considérations d'un ordre élevé sur l'intervention du gouvernement dans les affaires industrielles. M. Pillet-Will résout ces problèmes, non en rêveur, mais en praticien expérimenté, et nous le félicitons bien sincèrement d'avoir répudié l'absolutisme de J.-B. Say pour entrer dans une voie assurément plus féconde, celle de l'accord de l'autorité avec la liberté, celle de l'union de deux forces qui doivent s'unir et grandir ensemble, loin d'être deux forces ennemies luttant à outrance jusqu'à l'anéantissement de l'une des deux rivales. Non, il n'est pas vrai qu'il y ait deux intérêts, celui des gouvernants et celui des gouvernés. Le pouvoir ne sera fort qu'à la condition de rendre la France heureuse et riche; la France n'atteindra le degré de prospérité auquel son génie lui permet de prétendre qu'à la condition d'un pouvoir assez fort pour

commander le respect au dehors, le calme et la sécurité au dedans. Méconnaissez cette harmonieuse
union dans les travaux publics comme dans les
plus hautes questions sociales, vous n'enfanterez
que de vains débats, impuissants comme deux
forces qui tirent en sens contraire, stériles comme
la guerre, dont les trophées sont des ruines ou
quelquefois des trônes, mais sur lesquels aujour-
d'hui nul vainqueur n'est assis.

« Il est donc indispensable, dit M. Pillet-Will
» (page 36) d'aviser aux moyens de terminer promp-
» tement les canaux commencés, etc. » C'est la conclusion permanente de l'auteur, et nous sommes
loin de conclure autrement que lui, pourvu qu'il
ne se montre pas exclusif; car personne plus que
nous ne désire voir marcher de front les canaux et
les chemins de fer, non pour assister à une lutte
entre deux puissances; mais parce que nous sommes convaincu que « ce sont deux puissances qui
» doivent sans cesse conserver un certain rapport
» d'efficacité pour ne pas produire une fausse
» impulsion. (Page 7.)

M. Pillet-Will ne s'étonnera pas de voir appliquer ici cette dernière phrase à un tout autre objet que celui qui la lui a dictée; nous avons voulu lui faire comprendre, par ce mode abrégé, notre pensée tout entière, pensée d'union, qui n'est que la sienne propre; mais généralisée.

Arrivons aux canaux.

Au moment où les idées de grands travaux publics fermentent dans toutes les têtes, les anciens griefs relatifs aux canaux ont repris une certaine vigueur, un air de jeunesse qui donne à l'ouvrage de M. Pillet-Will le mérite de l'à-propos. Chacun se demande quelle doit être la part d'intervention du gouvernement, soit dans la préparation, soit dans l'exécution des projets qui préoccupent tant de spéculateurs grands et petits. J'essaierai donc de jeter quelque lumière sur un sujet qui m'a toujours paru traité de part et d'autre avec toutes les préventions qu'entraîne une idée absolue. Ce qui ressort de toutes les discussions, c'est que l'administration a encouru le double reproche d'avoir énormément dépassé ses prévisions pour les dé-

penses comme pour l'évaluation du temps nécessaire à l'exécution. Les plaintes portées contre l'administration sont-elles entièrement injustes? Je ne
le pense pas. L'administration a-t-elle autant de
torts qu'on l'a dit? Quelques faits vont nous per-
mettre d'en juger; mais d'abord il me paraît nécessaire de jeter un coup d'œil rapide sur la position
des hommes qui portaient le poids des affaires
en 1820, parce que cette date est le véritable point
de départ des canaux modernes. Les plaintes ont
suivi de près.

La pensée de prédilection de la branche aînée,
la pensée qui, pour elle, dominait toutes les autres,
fut l'indemnité qu'elle avait résolu de compter à
l'émigration. Lorsqu'on cherche à pénétrer les sen-
timents qui devaient agiter le cœur du souverain,
il est facile de démêler que, sous cette question
d'argent, se trouvait pour lui plus qu'une indemnité, plus qu'une réparation, mais une réhabilita-
tion du passé; et certes, le jour où cette loi fa-
meuse fut votée, la Restauration dut se faire
l'illusion qu'elle avait effacé bien des souvenirs et

remonté le torrent de la révolution. Qu'on se représente tous les projets d'amélioration matérielle
venant se heurter contre cette idée fixe, et l'on de-
viendra plus équitable envers les hommes qui ont
su, à certaines époques, obtenir ce que le souverain désirait peut-être ajourner, et ce que la Chambre ne demandait pas au nom du pays. 1820 est
une de ces époques. Alors, la France touchait à
l'heureux instant où elle allait être entièrement li-
bérée du tribut si lourd que, dans des circonstances
inouïes, l'Europe lui avait imposé. Elle éprouvait
le besoin de réparer ses forces épuisées, et c'était
l'industrie seule qui pouvait guérir les plaies de
deux invasions. Le 16 août 1820, M. Siméon, hé-
ritier des projets préparés par M. Becquey sous
l'active influence de M. De Cazes, présentait au Roi
un rapport qui dotait la France de six cents lieues
de canaux, distribués sur quinze lignes navigables
dont les unes étaient à compléter, les autres à
créer. Parmi les divers modes proposés dans ce
rapport pour subvenir à une dépense que l'on por-
tait à 128 millions 600,000 francs, le mode des

emprunts obtint la préférence. 51 millions 433,000 francs étaient le montant des dépenses antérieures aux lois d'emprunt; ainsi, pour 594 lieues ou 2,374,857 mètres, on avait dépensé 21 fr. 65 c. par mètre courant, on demandait 128 millions 600,000 fr. ou 54 fr. 15 cent. par mètre courant, ce qui formait un total de 75 fr. 80 c. pour achèvement complet. Des faits positifs vont nous montrer, s'il était possible que l'administration se fît illusion, et si, en demandant moins de 129 millions, elle pouvait croire achever son entreprise. Sous ce rapport, le tableau ci-joint est très-expressif:

NOMS des CANAUX.	LONGUEUR des CANAUX en mètres.	LONGUEUR des CANAUX en lieues.	NOMBRE des ÉCLUSES.	NOMBRE D'ÉCLUSES par lieue.	DÉPENSES originaires de CONSTRUCTION.	DÉPENSES originaires de CONSTRUCTION par mètre courant.		DATE de L'ACHÈVEMENT des travaux.
Briare............	55,000	15 3/4	40	2.909	9,000,000	165	64	1642
Midi............	240,000	60	100	1.666	55,000,000	152	55	1681
Orléans........	73,000	18 1/2	28	1.534	8,000,000	109	50	1692
Loing..........	55,098	15 1/4	21	1.585	4,000,000	75	47	1724
Givors........	16,000	4	50	7.500	6,000,000	575	»	1781
Centre........	116,000	29	80	2.758	11,000,000	94	82	1793
Saint-Quentin...	51,000	12 3/4	22	1.725	12,000,000	255	30	1820
Antoing........	25,000	5 3/4	15	2.261	6,600,000	286	95	....
	627,098	156 3/4	334	moyenne: 2.131	89,600,000	moyenne: 142	88	

On avait donc, comme exemple, cent cinquante-six lieues de canaux construits dans des localités diverses et par conséquent dans des conditions diverses. On savait qu'à une époque où les terrains avaient une valeur incomparablement moindre qu'en 1820, avec des matériaux et une main-d'œuvre dont les prix étaient de beaucoup inférieurs à ce qu'ils pouvaient être en 1820, un mètre courant de canal avait coûté moyennement 142 fr. 88 cent.

En présence de ces faits, dont l'évidence est palpable, qui osera dire que l'administration les ignorait, qui osera dire qu'elle comptait assez sur les progrès de l'art depuis Henri IV pour balancer une différence qui est presque dans le rapport de 1 à 2. Pour moi, je soupçonne que si certains hommes avaient dit leur pensée tout entière en 1821, nous ne serions pas plus riches aujourd'hui, et nous aurions six cents lieues de canaux de moins; je ne puis me défendre de remercier ces hommes d'avoir laissé croire à un chiffre impossible, puisque cet innocent mensonge nous a valu un immense bienfait, qui nous eût été refusé à coup sûr si l'on eût demandé 340 millions, ce qui n'eût été, pourtant, que le chiffre fourni par l'expérience, de 142 fr. 88 cent. par mètre courant.

Maintenant, de combien ont été dépassées ce qu'on appelle avec une emphase si amère les évaluations de l'administration? Combien a coûté le mètre courant des canaux construits en vertu des lois de 1821 et 1822? Ce tableau va nous le dire.

DÉSIGNATION des CANAUX.	LONGUEUR des CANAUX en lieues.		NOMBRE D'ÉCLUSES par lieue.	DÉPENSES antérieures aux lois d'emprunt.	EMPRUNTS de 1821 et 1822.	EXCÉDANT DES DÉPENSES sur les sommes demandées en 1821 et 1822.	TOTAL DES SOMMES dépensées.	DÉPENSES de CONSTRUCTION par mètre courant.	
Bretagne.........	129	3/4	2.261	10,945,306	56,000,000	47,621,504	64,554,810	124 f. 51 c.	
Latéral à la Loire..	49	1/2	0.909	»	12,000,000	16,175,000	28,175,000	142	30
Du Berri.........	80		1.375	2,667,572	12,000,000	5,600,000	20,267,572	63	54
Du Nivernais......	44		2.657	5,500,000	8,000,000	15,275,098	28,775,098	105	54
Du Rhône au Rhin.	87	1/4	1.889	11,021,308	10,080,000	6,512,765	27,554,008	78	54
De Bourgogne. ...	60	1/2	3.156	15,605,464	25,000,000	12,578,446	55,041,880	219	14
D'Arles à Bouc....	11	3/4	0.539	5,667,545	5,500,000	1,905,879	11,071,224	254	56
Des Ardennes.....	26	1/4	1.869	»	8,000,000	5,907,242	11,907,242	115	54
De la Somme......	39	1/4	0.612	2,000,030	6,600,000	2,175,842	10,775,842	68	71
Rivière de l'Isle....	56	1/2	1.076	»	2,500,000	2,122,685	4,622,685	51	88
Rivière de l'Oise...	29	1/4	0.204	»	3,000,000	5,074,747	5,074,747	45	15
594			moyenne : 1.735	51,452,990	123,600,000	85,345,148	265,578,138	moyenne : 111 f. 85 c.	

On a donc dépassé de 85 millions et demi les emprunts faits à diverses compagnies, et finalement on a dépensé 111 fr. 83 c. par mètre courant pour construire des canaux qui ont, terme moyen, 1,755 d'écluse par lieue. Il faut convenir que c'est là un résultat qui méritait d'être mis en saillie et d'être pris en considération dans les tirades fort éloquentes que la question des canaux a inspirées. Malheureusement l'éloquence méprise les chiffres, et elle préfère souvent l'honneur du beau langage à l'honneur même, pourtant si beau, de savoir rendre justice.

Reste le temps employé à l'exécution. Il est évident que ce retard a été excessif; on ne comprend pas, pour choisir entre bien des exemples, comment les parties du canal du Berri qui avoisinent la Loire restent en état de suspension depuis si long-temps par des causes que je ne veux pas apprécier ici, mais par des causes qui ne sont assurément pas de premier ordre. J'accorde qu'un retard aussi long, qui frappe l'ensemble d'ouvrages si importants, dénote un vice profond dans l'administration, qui se trouve obligée de reculer à ce point l'échéance de promesses solennelles. J'essayerai quelque jour de mettre le doigt sur un mal dont on a tant parlé, et auquel on n'a trouvé jusqu'ici d'autre remède que l'enterrement du malade; mais dès aujourd'hui, je repousse de toutes mes forces cette monomanie violente qui consiste à détruire tout ce qui offre pratiquement des inconvénients plus ou moins graves; dès aujourd'hui, j'affirme que le tort ne doit être attribué à aucun nom propre, et qu'il faut aller chercher loin la racine d'un mal dont on s'est beaucoup plaint sans jamais le traiter, quelles que soient d'ailleurs les préten‑ tions affichées à cet égard. En attendant, l'admi‑ nistration a le droit d'opposer aux critiques vul‑ gaires dont elle a été l'objet la défense légitime que présenterait tout entrepreneur placé dans les circonstances où elle fut placée, et qui, certes, sont loin d'être ordinaires.

Avant 1830, l'Opposition (ce n'est plus un mystère), a fait verge de tout bois pour flageller la Restauration. Dans cet exercice entrepris en grand, les canaux ne pouvaient manquer de jouer leur rôle, et l'administration a subi, de toutes les questions la plus aveugle, la question de la haine qui remontait au pouvoir. Attaquée sur tous les points, sur ses vices comme sur ses vertus, elle a eu à dévorer plus d'outrages que Charles Ier prisonnier n'en entendit sortir de la bouche des soldats de Cromwell. Gaspillage, faiblesse, imprévoyance, inhabileté dans la personne de ses ingénieurs, incapacité profonde dans sa propre personne, on ne lui a rien épargné, et peut-être raisonne-t-on trop aujourd'hui sous l'impression des boulets de ce siége dans lequel l'attaque des canaux était au moins secondaire. Vainement l'administration montrait-elle que l'inclémence des saisons et le débordement des fleuves lui avaient fait un obstacle invincible; vainement disait-elle que les propriétaires des terrains à traverser l'avaient placée entre le *velo* de la loi qui protége la propriété et le *velo* de l'avidité qui possède ; vainement demandait-elle qu'on lui désignât des ingénieurs plus habiles ou plus dévoués que ceux qu'elle tirait de la première École du monde. A toutes ces raisons, qui eussent été au moins plausibles pour tout autre, on lui répondait avec une joie inflexible : « Nous t'avons prise en défaut. »

Tels sont les faits généraux que j'ai cru devoir rappeler avant d'analyser le Mémoire de M. Pillet-Will; ils serviront à éclaircir quelques-unes des questions traitées par l'auteur. Pénétrons maintenant dans l'analyse du livre.

Nous avons vu que, pour faire face aux dépenses, le mode des emprunts avait obtenu la préférence, de sorte qu'avec les fonds prêtés l'État se faisait entrepreneur et exécutait à forfait à ses risques et périls. Les particuliers furent donc appelés à soumissionner avec concurrence l'intérêt au rabais, et les lois des 5 août 1821 et 14 août 1822 vinrent sanctionner les diverses conditions des adjudications, en même temps qu'elles rendaient irrévocables les clauses des cahiers des charges sur lesquelles les soumissions reposaient.

C'est dans une de ces adjudications, celle du 4 avril 1822, que furent obtenues par diverses compagnies les quatre soumissions des emprunts suivants :

1° Pour le canal latéral à la Loire. . . .   12,000,000 à 5 f. 17 c.
2° Pour le canal du Berri. . . . . . .   12,000,000 à 5   51
3° Pour le canal du Nivernais. . . . .   8,000,000 à 5   23
4° Pour les canaux de Bretagne. . . .   56,000,000 à 5   62
                                         ____
                Ensemble. . .   68,000,000

au taux moyen de 5 fr. 45 (rigoureusement f. 5,44588); les canaux de Bretagne comprenant :

Le canal de Nantes à Brest,
Celui d'Ille-et-Rance,
Celui du Blavet.

Les adjudicataires de ces quatre concessions se réunirent plus tard en société anonyme pour former la Compagnie des Quatre-Canaux, compagnie dont M. Pillet-Will est l'éloquent avocat, et à laquelle se rapportera exclusivement tout ce qui va suivre, parce que les lignes navigables concédées à cette Compagnie comprennent à elles seules un déve-

loppement de plus de trois cents lieues, ainsi par-
tagées :

Canal latéral à la Loire. . .	49 1/2 lieues.
Canal du Berri	80
Canal du Nivernais . . .	44
Canal de Nantes à Brest. . .	93 1/2
Canal d'Ille-et-Rance . . .	21 1/4
Canal du Blavet.	15
	303 1/4 lieues.

Indépendamment du taux de l'intérêt, qui était
le seul élément soumis à l'adjudication, le cahier
des charges réglait par avance et d'une manière dé-
finitive plusieurs conditions dont voici les principales :

1° Amortissement, 1 pour 100 ;

2° Paiement d'une prime annuelle et invariable
de 1/2 pour 100 ;

3° Application à l'amortissement de l'excédant
du produit que chaque canal, considéré séparé-
ment, pourra donner sur l'annuité que le gou-

vernement paie pour se libérer par rapport à ce canal;

4° Époques de rigueur auxquelles le gouvernement s'est engagé à livrer les canaux à la navigation, époques qui étaient ainsi fixées :

Pour le canal du Nivernais. . 3o juin 1829
Pour le canal latéral. . . . 3o juin 183o
Pour le canal du Berri. . . 3o juin 183o
Pour les canaux de Bretagne . 3o juin 1832

5° Jouissance, au profit des prêteurs, de la moitié du produit net de chaque canal, pendant quarante ans, à commencer de la fin de l'amortissement relatif à ce canal.

Ces conditions, dont je ne donne que les principales, étaient lourdes, comme on le voit, mais elles étaient mesurées sur l'état du crédit à cette époque, et il fallut les accepter ou renoncer à achever les canaux commencés en même temps qu'on eût renoncé à en ouvrir de nouveaux.

Dans une série de tableaux, M. Pillet-Will calcule, pour chaque canal, le chiffre de la somme que l'État doit payer tous les six mois à la compagnie, en intérêts, primes et amortissement. Du jeu des annuités et de ce que, dans le calcul, certains termes se détruisent, il résulte que cette somme est une quantité constante :

Pour le canal latéral, de . .	400,200 fr.
Pour le canal du Berri, de .	408,600
Pour le canal du Nivernais, de	271,200
Pour les canaux de Bretagne.	1,281,600
Ensemble pour un semestre.	2,361,600
Pour chaque année. . . .	4,723,200

Et en résumant les quatre tableaux comme je l'ai fait dans le tableau suivant, on voit d'un seul coup d'œil le détail de ce que l'État aura payé à la compagnie des Quatre-Canaux au 1ᵉʳ avril 1867, en supposant, ce qui n'est pas probable, qu'il n'y ait pas à faire l'application de la clause n° 3, c'est-à-dire qu'il n'y ait aucune accélération dans l'amortissement.

NOMS des CANAUX.	EMPRUNTS.	DATE DU PAIEMENT de la première annuité.	REMBOURSEMENT.				DATE de la fin de L'AMORTISSEMENT.
			Montant de l'intérêt.	Amortissem. 1 p. 100.	Prime 1/2 p. 100.	TOTAL.	
Latéral à la Loire..	12,000,000	1er avril 1831.	14,396,408	12,000,000	2,160,000	28.356,408	1er octobre 1866.
Berry............	12,000,000	1er avril 1831.	14,616,805	12,000,000	2,150,000	28,746,805	1er avril 1866.
Nivernais........	8,000,000	1er avril 1830.	9,743,427	8,000,000	1,420,000	19,153,427	1er avril 1865.
Bretagne........	56,000,000	1er avril 1833.	45,274,317	36,000,000	6,240,000	87,484,317	1er avril 1867.
	68,000,000		84,000,957	68,000,000	11,920,000	163,920,957	

Nous avons maintenant tous les éléments nécessaires pour comprendre la valeur du mot : *Actions
de jouissance*.

La compagnie des Quatre-Canaux fut constituée
en société anonyme par ordonnance du 13 mars
1823, et, conformément à ses statuts, elle a émis
deux sortes d'actions, savoir : des *actions d'emprunt*,
et des *actions de jouissance*. Les premières, au nombre
de 69,120, de la valeur primitive de 1,000 francs,
représentent le capital prêté, reçoivent un intérêt
de 5 pour 100, et sont accompagnées d'un coupon
de prime de 250 francs, remboursable par le sort
en même temps que l'action elle-même. Un tableau montre quel nombre croissant d'actions
est successivement remboursé avec les sommes
versées par l'État, ce nombre augmentant à mesure que diminuent les intérêts à payer par la
compagnie. La différence de 1,120,000 francs
entre le chiffre de l'emprunt et le chiffre total des
actions émises par la compagnie est destinée à couvrir les frais de gestion; et il résulte de ce tableau
qu'au 1er avril 1867, les derniers fonds versés par

l'État serviront à solder les dernières actions émises et à payer les derniers coupons de prime, sans préjudice des intérêts qui sont régulièrement servis de six mois en six mois.

On voit donc que pour les porteurs de chaque action de cet emprunt, il y a eu avance de 1,000 f., dont l'intérêt est payé à 5 pour 100, avec chance plus ou moins rapide de remboursement, suivant que le sort en décide, et, en outre, un bénéfice assuré de 250 francs, au moment où le porteur rentre dans son avance de 1,000 francs.

Mais le bénéfice de ce coupon n'est pas le seul qui soit acquis à la Compagnie, il lui reste le bénéfice de la jouissance, pendant quarante ans, de la moitié du produit net des canaux, à partir de l'instant où tout l'emprunt sera amorti, instant qui est 1867, si cet amortissement suit son cours naturel, et qui est antérieur à 1867, si les produits sont tels que l'amortissement soit accéléré; instant, par conséquent, qu'on ne saurait fixer avec précision, mais qui sera avancé en raison directe de la quotité du produit *net* que donneront les canaux, et qui, aujourd'hui, n'est susceptible que d'estimation. C'est ce bénéfice expectatif, certain quant à son existence, incertain quant à sa quotité, qui a été partagé par la Compagnie en 68,000 *actions de jouissance*, qu'elle a données comme accompagnement des actions d'emprunt, puis, qu'elle a partiellement rachetées à vil prix, de telle sorte qu'aujourd'hui elle se trouve en possession d'une grande masse de ces actions de jouissance, et qu'elle a intérêt à les placer aux meilleures conditions possibles.

Ce peu de mots donne la clef de tout le livre de M. Pillet-Will; on voit de suite comment il lui a fallu exposer le chiffre des dépenses *réelles* que les canaux ont occasionnées, estimer les frais d'entretien, évaluer les produits probables, pour arriver à conclure le produit *net,* en déduire l'accélération probable de l'amortissement, et enfin calculer *la valeur de l'action de jouissance* pour le cas éventuel de l'amortissement avec une accélération quelconque, comme pour le cas certain de l'amortissement en 1867.

Sous ce rapport, le travail de M. Pillet-Will est extrêmement remarquable. On voit l'auteur puiser aux sources dès à présent connues des anciens canaux, et montrer (page 245) comment la moyenne des produits de ces anciens canaux est à la moyenne présumée des nouveaux canaux comme 11, 64 est à 9, 82; on le voit manier les éléments de 178 lieues de canaux (dans la ligne et hors la ligne) qui forment l'ensemble de la navigation entre Londres et Liverpool, montrer que les 376,980 mètres qui sont dans la ligne ont rapporté de dividende (page 262) 26 fr. 3 c. par mètre courant, tandis que son évaluation (page 237) ne monte qu'à 8 fr. 43 c. pour la même longueur; faits qui tous, sans exception, ont pour but, sous la plume de M. Pillet-Will, de prouver que les estimations qu'il a données du produit, sont inférieures à sa probabilité. C'est avec ce cortége d'antécédents que l'auteur arrive (page 327) au chapitre III de la seconde partie, chapitre intitulé : *Valeur des actions de jouissance.*

Pour estimer la valeur actuelle de ce titre, il faut connaître deux éléments : 1° La somme à partager; 2° l'époque à laquelle doit commencer le partage. Ces deux éléments sont dans l'avenir : M. Pillet-Will ne se dissimule pas qu'il raisonne sur des suppositions, mais sur des suppositions qui ont une grande probabilité; et si j'ai dit d'abord que M. Pillet-Will était l'avocat de la Compagnie des Quatre-Canaux, je dois ajouter maintenant qu'il est aussi l'avocat du gouvernement; car si ses prévisions sont en grande partie justes, comme je le pense, il en résulte que l'État, pressé par des circonstances défavorables de crédit, ayant à débattre ses marchés avec des hommes consommés et plus expérimentés que lui dans ces sortes de traités, aurait su encore réaliser une très-bonne affaire pour les prêteurs comme pour le public. On peut dire que si les prévisions de l'auteur sont justes, et alors même qu'elles ne le seraient qu'en partie, le gouvernement est vengé de bien des attaques, et que le jour de l'ouverture des canaux sera pour lui un jour de gloire, bien loin d'être la ratification de tous les sinistres dont il a enduré la prophétie depuis seize ans.

Ici , M. Pillet-Will est conduit à discuter deux cas. Le premier, très-improbable, est celui où il n'y aurait pas lieu à accélérer l'amortissement , et où les canaux ne rapporteraient juste que ce que l'État puise aujourd'hui dans l'impôt, savoir le montant de l'annuité actuellement payée. Ce cas est improbable, parce qu'il suppose, contre tous les faits connus, que les nouveaux canaux, au nombre desquels il s'en trouve qui doivent être très-productifs, ne procureraient cependant dans leur ensemble, et après qu'ils auraient été en activité et en voie d'amélioration pendant trente ans, qu'un intérêt de 2 1/2 pour 100 sur les capitaux engagés. Dans cette hypothèse, la somme à partager entre les porteurs des 68,000 actions de jouissance serait annuellement de 2 millions 361,600 fr. Ainsi chaque action aurait droit à quarante annuités de 34 fr. 73 c., dont la valeur de 687 fr., déduction faite de l'intérêt composé à 4 pour 100 et escomptée pour trente-un ans, représente aujourd'hui :

2o3 fr. 75 c. : 4 pour 100.

255   35   à 3 1/2 pour 100.

321   10   à 3 pour 100.

Et comme la probabilité la plus grande est pour la baisse successive de l'intérêt de l'argent, M. Pillet-Will adopte le chiffre de 321 fr. 10 c. pour la valeur *actuelle* de l'action de jouissance dans ce cas défavorable. J'accorde volontiers que cette valeur est un minimum; car, s'il n'est pas évident que les canaux de Bretagne donneront un bénéfice net quelconque, il y a évidence au contraire pour que le bénéfice net des autres canaux surpasse le chiffre supposé ici.

Le second cas qu'envisage M. Pillet-Will est celui où se réaliseraient les estimations qu'il a déduites de certaines probabilités et de tous les termes de comparaison qu'il a groupés. Dans cette hypothèse, l'amortissement du canal latéral est terminé au 1er octobre 1843, celui du canal du Berri au 1er octobre 1846, et abandonnant encore le canal du Nivernais et les canaux de Bretagne à l'ilotisme du premier cas, il en résulte que la Compagnie aurait à recevoir du 1er octobre 1841 au 1er octobre 1906 la somme de 306 millions 960,144 f., et que l'amortissement de l'emprunt, pour l'État comme pour la compagnie, serait entièrement terminé au 1er octobre 1853. C'est donc à partir de cet instant que les porteurs des actions de jouissance commenceraient à toucher un dividende dont le chiffre est donné dans le tableau n. V (page 344), et la somme totale à recevoir, ramenée au 1er avril 1837, déduction faite de l'intérêt à 4 pour 100, représente aujourd'hui 59 millions 628,954 fr., (page 349). La 68 millième partie de cette somme ou 876 fr. 89 c. serait donc la valeur actuelle de l'action de jouissance, et si d'année en année on y ajoute l'intérêt composé, on arrive au chiffre de 1,674 fr. 94 c. pour la valeur de cette action au 1er octobre 1853, c'est-à-dire au moment de l'entrée en jouissance.

On conçoit que, quand des chiffres sont basés sur une grande masse de résultats connus, il est difficile de ne pas leur accorder confiance; et je suis tout à fait porté à croire, avec M. Pillet-Will, au bel avenir que l'on peut entrevoir dès aujourd'hui pour les actions de jouissance de la compagnie des Quatre-Canaux. Peut-être, autant qu'il est permis de juger des évaluations bien faites, peut-être cette valeur ne sera-t-elle pas aussi élevée que l'auteur l'indique; et ma réserve porte encore ici sur la raison que j'ai déjà donnée plus haut, c'est-à-dire sur la possibilité que les canaux de Bretagne, destinés à civiliser une population restée en arrière, ne fassent, pendant longues années, que couvrir leurs frais d'entretien et d'administration. Je désire que cette crainte ne se réalise pas, que toutes les prévisions de M. Pillet-Will soient plus justes que ma réserve n'est fondée, et je n'appelle pas de vœux moins ardents que les siens l'instant où, toutes ces lignes navigables étant ouvertes, la France jouira d'un immense bienfait matériel en même temps que la science financière s'emparera d'éléments capables de hâter ses progrès. Mais plus M. Pillet-Will aura raison dans la haute sagacité de ses calculs, plus il aura tort d'insister sur la réclamation dont il me reste à parler.

L'État doit-il à la compagnie des Quatre-Canaux

l'indemnité qu'elle réclame par suite du retard apporté à l'achèvement des canaux exécutés ou qui s'exécutent avec les fonds provenant de l'emprunt de 68 millions que cette Compagnie a soumissionné?

Telle est la question qui est soumise en ce moment aux délibérations du Conseil d'état, par suite des engagements pris par l'administration de terminer les travaux à certaines époques de rigueur. En relisant les articles du cahier des charges que j'ai numérotés 3, 4, 5, on aura tous les éléments de cette discussion; car ces articles sont les seuls invoqués, les seuls, en effet, qui livraient quelque chose à l'incertitude dans le cas où les canaux ne seraient pas terminés à heure dite. Ces articles étaient le défaut de la cuirasse, et l'œil perçant de la spéculation les guettait en comptant les jours.

Le jour fatal a expiré, ou plutôt le retard des travaux a été tel que la compagnie des Quatre-Canaux a pu dire dès le commencement de 1829 :

« Vous m'aviez promis (article 3) d'appliquer à

l'amortissement l'excédant des produits, et, par conséquent, de rapprocher le terme de cet amortissement. A partir du terme de l'amortissement je dois jouir (article 5) de la moitié du produit net. Or, puisque vous n'avez pas terminé vos travaux dans le délai fixé (article 4), vous avez retardé l'époque où il était possible d'accélérer l'amortissement; donc, par suite, vous avez ajourné l'instant où j'entre en jouissance de la moitié des produits; donc j'ai droit à une indemnité. »

Il est vrai : l'année 1837 suit son cours, et les travaux ne sont pas achevés. Mais je demande à la compagnie des Quatre-Canaux si elle ne profite pas à tort de la prédisposition fâcheuse du public pour exploiter un retard dont le pays souffre sans en connaître les causes, mais dont elle, au contraire, connaît les causes sans en souffrir?

La réclamation d'une indemnité est une de ces questions dans lesquelles il est impossible d'écarter l'équité pour ne considérer que le droit. En droit, vous dirai-je, votre raisonnement est logiquement invincible; mais permettez-moi d'ajouter que vous abusez de la lettre du traité, et qu'en invoquant toute la rigueur de votre droit, vous me faites porter la peine de mon bienfait. Vous séparez votre intérêt du mien; vous voulez exprimer jusqu'à sa dernière goutte le bénéfice des clauses que je vous ai consenties, quand, moi, je n'ai pas même argué d'une révolution qui a ébranlé l'Europe, pour que le paiement de vos intérêts, de vos primes, de votre amortissement, souffrît le plus léger retard. A travers des difficultés de tous genres, vous m'avez vu, imperturbablement, fidèle observateur du traité. Vainement les sommes que je vous ai empruntées se sont trouvées insuffisantes, je les ai doublées à la sueur de mon front, et la totalité a été employée à achever une œuvre dont le profit vous est assuré par moitié pendant quarante années, absolument de la même manière que si les sommes que vous m'avez fournies eussent été suffisantes. Le contrat, vous l'oubliez, n'était aléatoire que pour moi. Vous oubliez surtout ce qu'il a fallu de talent et de patiente persévérance pour ne pas faire une halte indéfinie et

pour doter définitivement vos actions de jouis-
sances de l'avenir qui leur est réservé. Et si au prix
de grands sacrifices j'ai obtenu une perfection
d'art dont vous êtes le premier admirateur, si j'ai
réussi à n'avoir moyennement que 1,86 d'écluse
par lieue, à qui profiteront ces avantages? Ils profiteront à vous comme à moi, et je vous demande
aujourd'hui : Qu'avez-vous fait pour qu'il en soit
ainsi?

Vous avez fait avec moi un marché que mes sacrifices et le génie de mes architectes ont rendu
magnifique pour vous; vos quarante années de
jouissance sont un profit certain à ajouter à votre
prime, sans compter les bénéfices déjà réalisés par
le seul fait de la différence entre les dates auxquelles l'amortissement commençait pour moi et
pour vous. Je suis loin de vous en faire un reproche; nous avons tous deux contracté librement
avec pleine connaissance de nos intérêts respectifs;
mais que pour un retard causé par des raisons que,
vous le savez, je puis appeler raisons *de force ma-
jeure,* vous me demandiez une indemnité là où peut-

être j'aurais droit, de votre part, à un remerciement, il m'est impossible de l'admettre sous aucune forme.

« Il suffirait, dites-vous (page 371), de convenir,
» dès à présent, que sur la part des excédants de
» produit qui appartiendraient annuellement à
» l'État, la compagnie prélèverait après l'amortis-
» sement une somme correspondante aux intérêts
» qu'elle aurait perdus sur la sienne par le fait
» même des années de retard. »

Mais quelle est cette part ? Comment fixerez-vous un chiffre ? Le produit des canaux en 1840 pourra-t-il servir à apprendre *ce qu'eût été ce produit en* 1830 ? Dix années de paix et de prospérité, dix années pendant lesquelles, par mille causes, un immense mouvement industriel a été excité, peuvent-elles être comptées pour rien ? Non, M. le Comte, vous le savez aussi bien que moi, et vous connaissez trop *la valeur des dates,* pour confondre 1830 et 1840. Pendant dix années le génie de la France a enrichi le sol et créé des industries diverses avec une prodigieuse activité ; dans ce grand mouvement, la compagnie des Quatre-Canaux a

vu naître pour elle la certitude de bénéfices ines-
pérés ; et aujourd'hui elle veut y joindre le bénéfice, imaginaire peut-être, d'années qui ont été
employées à assurer sa prospérité. Ah ! messieurs,
c'est trop d'exigence : je ne vous escompterai pas
le génie de la France.

Chemins de Fer.

___

DE L'INTERVENTION DU GOUVERNEMENT

DANS

LES TRAVAUX PUBLICS,

OU

RÉSUMÉ

DE LA DISCUSSION DES PROJETS PRÉSENTÉS A LA
SESSION DE 1836-1837,

ET

SOLUTION DE QUELQUES DIFFICULTÉS.

— 14 AOUT ET OCTOBRE 1837. —

DE L'INTERVENTION DU GOUVERNEMENT

DANS

LES TRAVAUX PUBLICS.

———

L'intervalle qui sépare la théorie de la pratique ne saurait être ni assez médité, ni assez mesuré. Chaque nouveau pas dans la carrière grandit cet intervalle déjà immense aux yeux de tout homme sérieux qui s'applique à mettre, ou de généreux désirs ou même ses études positives, en regard de la

réalité ; et peut-être la distance devient-elle telle-
ment démesurée pour certains esprits à une certaine
date de la vie, qu'on expliquerait ainsi comment il
semble à beaucoup de vieillards que toute idée est
un rêve, que toute pensée de bien faire est une
chimère. En tout cas, il ne faut pas fixer une longue attention sur la comparaison de ces deux termes, théorie et pratique, termes dont on a longtemps voulu faire une antithèse, pour reconnaître
combien doivent être rares les hommes qui les
possèdent simultanément ; combien est grande la
portée de ceux qui arrivent à rendre en eux leur
union harmonieuse ; à quel attentif examen ils ont
dû soumettre les idées et les faits, contempler les
unes, mettre la main aux autres, pour établir cette
balance qui est sans doute le secret de la force
et le levier du succès des hommes vraiment supé-
rieurs.

Ces réflexions naissent tout naturellement, lorsque l'on retourne sous ses diverses faces la question tant de fois controversée du rôle que doit
prendre le gouvernement dans les travaux publics.

Trois opinions principales ont été émises. Le gouvernement doit tout faire suivant celui-ci, il doit laisser faire suivant celui-là, tandis que, suivant un troisième, le procédé mixte d'intervention devait rassembler tous les avantages et lever toutes les difficultés. Cette dernière solution, intermédiaire entre deux opinions extrêmes, se présentait, en effet, au premier abord, avec tous les caractères d'une idée simple. Se servir du crédit particulier et l'intéresser à la réalisation de grands projets dont l'ensemble, harmonisé par l'État, ne craint pas d'être altéré par les vues étroites d'une compagnie ou d'un individu; moyennant quelques sacrifices minimes créer des travaux pour une somme immense, en même temps que le gouvernement conserverait le libre usage de ses ressources ordinaires : telle était la pensée des publicistes qui avaient mis le système mixte en faveur, et certes, on ne peut pas refuser à ce système d'avoir au moins un aspect séduisant. Lorsque, dans la présentation récente des projets de chemins de fer, cette théorie est arrivée à l'état pratique, lorsqu'il s'est agi de se placer face à face avec des compagnies, et de défendre, contre elles, l'intérêt de tous, alors les difficultés se sont montrées, elles ont grandi à mesure que l'on pénétrait dans le détail des traités, et la discussion de la Chambre a plutôt mis en saillie, qu'elle n'a fait disparaître, les épines de cette application; finalement, la discussion n'a produit de lumière que ce qu'il fallait pour jeter une lueur sur le vote d'un ajournement. La Chambre, qui était en possession des éléments de cette question depuis quatre années, depuis l'époque où elle avait voté 500,000 fr. pour l'étude des tracés, la Chambre s'est montrée comme surprise par une objection inattendue; elle a déclaré n'être pas prête, elle a demandé à réfléchir. Aujourd'hui que chaque député est rendu à ses affaires privées restées en souffrance pendant une longue session, et consacre ses loisirs à méditer une question qui va se représenter à la session prochaine, il ne nous paraît pas inutile de résumer le débat, quoique nous soyons convaincus que c'est encore du pouvoir que jaillira la lumière que la Chambre n'a pas faite.

L'État doit-il abandonner entièrement à l'intérêt privé le soin d'exécuter les grandes lignes?

Mieux vaut-il que, représentant et dépositaire naturel de l'intérêt commun, il exécute aux frais, risques et périls de tous?

Est-il préférable qu'il se contente de participer, d'intervenir?

En s'adressant aux compagnies, doit-il concéder ou mettre en adjudication?

S'il participe financièrement à l'exécution par des compagnies, quel est des trois modes possibles d'intervention, le prêt, la subvention, la garantie d'un minimum d'intérêt, celui qui offre le plus d'avantages?

Convient-il que l'État, dans l'intérêt public, et pour prévenir les immenses abus qui peuvent naître, se réserve le droit de rachat? Dans le cas de l'affirmative, quel sera le mode de rachat le plus équitable?

Si l'intervention doit être totale, c'est-à-dire si le gouvernement exécute lui-même, doit-il demander à l'emprunt ou à l'impôt les fonds qui lui seront nécessaires ?

Telles sont les nombreuses questions qu'a soulevées et que devait soulever la discussion des chemins de fer, parce qu'un caractère bien net des idées qui ont de l'avenir, c'est de sortir rapidement les esprits du cercle plus ou moins étroit de la spécialité, pour les élever, comme malgré eux, à des considérations générales d'un ordre supérieur. Dans l'incertitude où elle était, la Chambre a certainement fait acte de sagesse en s'ajournant, j'allais dire en se récusant; mais avant d'entrer dans le fonds de l'examen auquel nous voulons nous livrer, nous ne pouvons nous défendre d'une réflexion qui se présente à l'occasion du rôle que la Chambre s'est donné; réflexion pénible peut-être, et pourtant qu'il est impossible de garder. Assurément il n'y a aucun mal à ne pas répondre à telle ou telle question ardue; mais il y a cependant un cas où cela peut devenir fort nuisible, c'est celui où une réponse est indispensable, où, seul, on a le droit de la faire, et où l'on est formellement chargé de la faire. Quand on vient de loin pour apporter la solution d'une difficulté, et, qu'après l'avoir examinée, on retourne chez soi en disant : « Voilà, certes, un problème de la plus haute im- » portance; il doit être infailliblement résolu, » mais je n'y puis rien pour le moment, » cet aveu mérite à coup sûr qu'on réfléchisse sur la grave responsabilité qu'on a prise. Il ne suffit pas aux besoins de la France que les députés s'assemblent pour parapher les registres d'une comptabilité qui s'appelle le budget; les députés sont censés apporter le tribut de leurs lumières dans l'étude de questions vitales que le gouvernement n'a pas le droit de résoudre seul. Ainsi le veut la constitution de l'État, et ce n'est pas nous qui nous plaindrons qu'il en soit ainsi; mais cela suppose que quand le ministère, forcé de rester en suspens, soumet plusieurs modes à l'investigation de la Chambre, cela suppose que celle-ci écarte les obstacles, éclaircit ce qui est obscur, efface et corrige, fait son choix, autorise alors, et légalise par cet assentiment une mesure qui devient obligatoire

pour tous, parce qu'elle est voulue par qui gou-
verne, et consentie par qui est gouverné. Si, au
contraire, dans ce grand corps politique, l'unité
est rompue et la lumière obscurcie, si l'ancien intérêt morcelé des provinces se substitue à l'intérêt
un de la France ; si la lenteur, sous le nom de ma-
turité, ajourne des réponses que les besoins du
pays rendaient urgentes, alors la confiance s'é-
mousse et l'on entend murmurer des plaintes contre les députés qu'on suppose avoir mal compris
la gravité du mandat qu'ils ont reçu et accepté; ils
compromettent, dit-on, la sagesse même de notre organisation, en appelant sur elle des attaques qu'elle
ne mérite pas, mais auxquelles certains mécomptes
donnent au moins l'apparence de la légitimité.

Tel est, en ce moment, l'état des esprits dans
plusieurs provinces, même dans celles que l'on a
cru servir en ajournant pour le Nord un bienfait
que le Midi savait lui être assuré par le fait même
d'un vote favorable au Nord. En pareille matière,
quelques mois d'avance sont peu de chose, et le
Midi comprenait fort bien la conséquence immé-

diate et nécessaire du chemin de Belgique. Au reste, il faut le dire, ce que l'on critique, c'est moins encore l'ajournement que l'esprit dans lequel il a été voté.

Après ces préliminaires, abordons nettement la question, non avec la prétention de la résoudre sur tous les points, mais avec l'intention de rassembler ce qui a été disséminé dans de longs débats et d'en tirer une conclusion.

Chose digne de remarque! le jour où la pensée de tracer sur la France un grand réseau de chemins de fer s'est trouvée assez mûre pour que l'on préludât à son exécution, non-seulement personne n'a mis en doute l'intervention du gouvernement qui avait l'honneur de l'initiative, mais nul n'a proposé qu'une ou plusieurs compagnies se chargeassent des études. L'État seul, avec les moyens d'organisation qui lui sont propres, pouvait essayer, pour la modique somme de 5oo,ooo francs, d'explorer trois mille lieues de terrain, d'en étudier douze cent cinquante, et de présenter un ensemble certainement incomplet sous quelques rapports, mais prodigieux, si l'on compare le résultat obtenu avec le chiffre de la dépense. D'un accord unanime, il appartenait à l'État seul de s'abstraire des prédilections locales, pour ne considérer que les intérêts généraux ; de crayonner sur la surface de la France un réseau dont toutes les mailles s'uniraient avec souplesse, et de mesurer l'importance des divers points du territoire avec l'étendue des sacrifices à faire pour les atteindre. Cette grande pensée a été réalisée, nous possédons aujourd'hui un système complet dont toutes les parties sont ou peuvent être liées entre elles de telle sorte, que chaque ligne serve plus ou moins toutes les autres ; le centre (Paris) et chaque point de la circonférence (les principaux ports, les frontières) agissant et réagissant l'un sur l'autre, de manière à produire, sans lenteur ni exaltation, une circulation facile qui laisse incertaine l'importance du point qui envoie et l'importance des points qui reflètent, pour ne laisser place qu'à une seule certitude, celle de cet admirable et mystérieux mouvement qui, chez un peuple comme chez un individu, s'appelle la vie.

Après le tracé venait l'exécution ; c'est ici que de-

vaient commencer les hésitations et les difficultés.
L'administration, affaiblie par la longue guerre des
canaux, placée entre le devoir de maintenir l'u-
nité, de veiller à l'intérêt public, et le désir d'un
commencement rapide d'exécution, opta pour le
moyen qui satisfaisait à ces diverses conditions.
Obéissant à ce qui semblait être l'opinion bien arrêtée de la Chambre et du pays, elle jugea conve-
nable de s'effacer et de céder le pas à des compagnies qui porteraient la responsabilité du travail,
en même temps que l'État, intervenant, sous une
forme ou sous une autre, aurait de droit et de fait
l'œil ouvert sur l'ensemble, droit assuré et légiti-
mé par l'aide qu'il prêtait aux compagnies. Encore
ici il était bien entendu, et cela sans contestation,
que celles-ci seraient assujetties à un certain nombre
de clauses rédigées et exigées par le gouvernement
dans un but d'intérêt général. On a beaucoup reproché l'incohérence de ces clauses considérées
dans les différents cahiers de charges; mais cette
incohérence était la conséquence obligée de l'exécution par plusieurs compagnies, car il est évident

qu'on n'obtiendra l'uniformité qu'à une seule condition, celle de l'exécution par l'État ou par une
vaste compagnie qui n'aurait qu'une tête. Les diverses lignes traversaient des pays où les capitaux
sont dans des conditions diverses, de là la nécessité de se plier à certaines exigences de fait, et l'im-
possibilité de suivre une règle invariable; les diverses lignes présentaient des chances inégales,
soit dans la difficulté des obstacles à vaincre, soit
dans la probabilité des produits ; de là, la nécessité
de prendre l'inégalité pour base de la justice dis-
tributive. Voilà comment le désir d'encourager
une industrie naissante et de la rendre simultanément possible sur les divers points du territoire, la
pensée d'égaliser les chances, et la nécessité d'ai-
der en conservant une part légitime d'autorité,
ont conduit l'État à intervenir *financièrement*, sous
des formes variées, soit pour le cas d'une concession directe, soit pour le cas d'une adjudication, deux modes entre lesquels l'administration
avait à choisir. A notre avis, elle devait ici *choisir*
et non chercher à satisfaire tous les goûts, comme

on le lui a justement reproché ; elle devait opter avec résolution pour celui de ces deux modes qui est évidemment le plus juste, le plus moral, et ne pas se laisser entraîner à employer indistinctement deux formes entre lesquelles l'impartialité, suivant nous, ne lui était pas permise.

L'intention de l'adjudication, c'est de placer plusieurs concurrents dans une position telle, qu'ils arrivent à offrir les meilleures conditions pour le public, c'est-à-dire celles où ils donneront le plus possible en recevant la moindre somme possible, soit qu'il s'agisse de soumissionner un tarif fixe avec subvention au rabais, soit qu'il s'agisse de soumissionner le tarif lui-même pour les transports et le péage. En théorie, l'adjudication procure l'économie et écarte la faveur ; car le magistrat est sans relation d'aucune espèce avec ceux qui se présentent ; il reçoit publiquement des engagements cachetés, les ouvre, lit, et le chiffre le plus bas est de plein droit admis. En théorie, les concurrents ont étudié l'affaire mise en adjudication, de manière à être parfaitement éclairés sur l'engagement qu'ils vont prendre, et le chiffre qu'ils ont signé ressort de longues études, de calculs bien positifs. En théorie, ces concurrents sont étrangers les uns aux autres, tous veulent sérieusement exécuter, et nul n'a déposé son cautionnement dans la pensée d'en tirer un profit illicite, en vendant, dans la salle même, sa renonciation à un projet auquel il n'a jamais songé, et en faisant payer cher des études qu'il n'a pas faites. La pratique a largement montré ce qu'il fallait croire de la vertu de ce moyen tant prôné, et la garantie comme la moralité du cautionnement peuvent aujourd'hui être appréciées à leur juste valeur. Quand la concurrence est sérieuse, la passion s'en mêle, et ceux qui désirent ardemment exécuter peuvent être entraînés à signer leur ruine; le plus souvent la concurrence est factice, et c'est une véritable coalition qui se trouve en présence de l'autorité. Dans les deux cas, le mal porte plus tard et infailliblement sur le travail qu'il s'agit d'entreprendre; le public paie les erreurs de la passion, c'est encore lui qui paie les bénéfices illégitimes de la fraude coalisée, c'est encore lui qui paie l'ignorance et ses faux calculs, la cupidité et les prétendues renonciations qu'elle vient consentir à prix d'or. Si n'était la crainte de toucher à certains noms propres et de nuire à quelques entreprises qui se sont déjà bien assez chargées de se décrier elles-mêmes, il ne me serait pas difficile de nommer et de citer; mieux vaut s'abstenir, quoique je pense vraiment que ces ménagements ont aussi leur tort. Ils apprennent à compter sur la politesse des gens, comme sur une garantie d'impunité pour ceux qui traitent l'industrie à l'égal d'un tripot, et les pères de famille confiants, comme les numéros stupides d'une loterie sans moralité. En nuisant à la spéculation loyale, féconde, créatrice, telle que la pratiquent les financiers qui se respectent, l'adjudication ouvre la porte à deux battants aux croupiers qui empêchent l'accomplissement de magnifiques œuvres, parce qu'ils sèment l'inquiétude, la méfiance et la dérision, là où la confiance montrerait les miracles du crédit. Enfin, et pour dernier trait, dans la supposition même où toutes les phases d'une adjudication publique s'accompliraient avec la candeur qu'a rêvée la théorie, ce mode offre encore un désavantage notable; car, si cinq compagnies, par exemple, se présentent sérieusement, consciencieusement, avec ces études approfondies desquelles on extrait un chiffre sur lequel la prudence s'appuie, une seule compagnie restera adjudicataire. Or, les frais toujours considérables de quatre études bien faites, seront nécessairement perdus pour tout le monde. Comment peut-on réclamer de pareils moyens par raison d'économie? Avons-nous donc trop de force pour la gaspiller ainsi dans la crainte d'une erreur ou même d'une faveur?

L'erreur et la faveur, voilà les deux épouvantails devant lesquels reculent les méfiants antagonistes de la concession directe. Ici l'administration traite avec un particulier ou avec une compagnie qui cherche, sans aucun doute, à obtenir les conditions les plus favorables; c'est à l'administration à débattre l'intérêt commun quant aux tarifs, à imposer, quant à l'exécution, toutes les clauses qui peuvent assurer un bon service, et à opter pour celui des concurrents qui offre, en même temps qu'un prix avantageux, les plus grandes garanties de moralité, de fortune personnelle ou de crédit, de talent pour conduire habilement une grande affaire, talent plus rare qu'on ne pense, et à défaut duquel tant de bonnes entreprises ont échoué. On voit comment, de ce mode, résulte un moyen puissant d'émulation. Le concessionnaire a le plus grand intérêt à bien exécuter, car il s'assure ainsi un titre à une concession nouvelle, s'il la désire; il peut même faire qu'il y ait avantage à la lui donner à un prix légèrement plus élevé, que l'offre de tel autre qui n'a pas des antécédents aussi favorables. Maintenant, l'administration peut-elle se tromper dans l'appréciation de toutes ces qualités, dans la pondération de toutes ces circonstances qu'il faut mettre dans la balance? Sans aucun doute; mais on raisonne toujours, comme si ces traités étaient conclus dans l'ombre pour n'en jamais sortir, tandis qu'au contraire, tous doivent être montrés au grand soleil de la publicité. Les

Chambres ne sont-elles donc pas là pour rectifier une erreur, si elle a été commise; ne sont-elles pas là pour refuser leur sanction au traité, qui serait un acte de faiblesse envers un favori? Et croit-on, d'ailleurs, qu'un homme haut placé dans l'État compromette si facilement son nom et sa dignité, qu'à chacun de ses pas une chute soit à craindre? Il semblerait, en vérité, à entendre certains esprits malades, qu'un homme habile et probe ne peut toucher le pouvoir sans devenir subitement maladroit et immoral.

Un administrateur, qui a occupé longtemps un poste élevé, un homme envers lequel les partis ont été souvent injustes, mais devant la sévère intégrité duquel les partis mêmes se sont inclinés, disait quelquefois en souriant : « L'adjudication est » un oreiller fort commode pour l'administra- » tion; » c'est, qu'en effet, elle lui permet de se reposer doucement sur le fait qui s'est accompli sans sa participation; la force, ou plutôt la faiblesse du chiffre a tout décidé; personne n'a rien à reprocher à personne, pourvu qu'en un certain jour fixé, certaines formes voulues aient été symétriquement observées. Mais le soumissionnaire est un fripon! Cela ne nous regarde pas. Mais il se ruine! Tant pis pour lui. Dans chaque réponse que peut entraîner la théorie de l'adjudication, l'immoralité est flagrante, précisément parce que toute responsabilité est effacée, et qu'il y a toujours dommage pour la société à retirer les mobiles qui poussent au bien pour raison d'honneur. On peut affirmer que le poids d'une responsabilité est une force qui engendre la moralité.

Telles sont nos raisons de préférence pour la concession directe. Examinons maintenant les différents modes de subvention.

Si l'exécution des grandes lignes de chemins de fer est confiée à plusieurs compagnies, et que le gouvernement intervienne financièrement, quels sont les avantages et les inconvénients des trois modes possibles de subvention : le prêt, le don d'une somme fixe, la garantie d'un minimum d'intérêt?

Le prêt. Ce que l'on peut dire de plus fort en faveur de ce mode, c'est qu'il ne coûte rien ; mais il faut se hâter d'ajouter qu'il ne coûte rien *si* l'entreprise réussit, et *si*, par suite, la somme avancée est remboursée après que l'intérêt convenu en a été régulièrement payé. Or, quel est le moyen de s'*assurer*, comme le voulait un orateur, *de la bonté de l'entreprise et de la solidité des gages offerts ?* Une compagnie, qui a entrepris un travail de cette nature, ne peut, en général, offrir d'autre gage que les constructions mêmes qu'elle a exécutées au bout d'un certain temps ; si alors on s'aperçoit, qu'avec le capital évalué pour la dépense totale, il lui est impossible de mener son entreprise à fin, le prêteur serait obligé de s'emparer de tout ou partie des travaux faits, travaux qui n'ont de valeur qu'à la condition d'être achevés. Le gouvernement, si c'est lui qui est le prêteur, serait donc engagé dans une dépense imprévue, après avoir consommé, de ses propres mains, la ruine d'une compagnie, et froissé les milliers d'intérêts qui peuvent s'y rattacher. Il est toujours impolitique, à mon sens, de placer l'État dans une semblable nécessité. Un gouvernement, quoi qu'on prétende, ne joue pas impunément le rôle d'un particulier; car, si la raison et la théorie disent froidement que ses rigueurs s'exercent au nom de l'intérêt de tous, la pratique montre que c'est lui seul qui porte le poids des malédictions qu'entraîne infailliblement un acte de sévérité, alors même qu'il est la juste application des traités consentis.

Quant aux moyens de s'assurer de la bonté de l'entreprise, il n'en existe pas, parce que la certitude est exclue des calculs de ce genre. S'il était possible de traduire en chiffres infaillibles les résultats d'une grande spéculation, toute l'élaboration du ministère et des Chambres, toutes les réflexions que nous présentons ici seraient de l'inutilité la plus totale; une semblable affaire deviendrait un placement comme tout autre, et l'idée de subvention, par un mode quelconque, n'aurait pas besoin d'être discutée. Mais en pareille matière, comme dans toute entreprise commerciale ou industrielle, il y a toujours quelque chose de plus ou moins aventureux, il y a nécessairement lieu à faire la part de l'incertitude; et, si l'on me dit que les probabilités de succès peuvent cependant être plus ou moins grandes, je serai fort loin d'en disconvenir, mais je répondrai qu'elles ont été souvent trompeuses. Ainsi, deux chemins de fer sont proposés, l'un entre Saint-Étienne et Lyon, deux grands centres d'industrie, l'autre entre Paris et Saint-Germain; de quel côté sont les probabilités de succès? La réponse n'est pas douteuse. Eh bien! allez demander aux actionnaires de ces deux entreprises, ce qu'ils pensent du fait accompli, qui vaut, je pense, toutes les probabilités du monde.

Si donc on veut faire le prêt, comme le pratiquent ceux qui se dévouent sur hypothèque, et rendent service avec un bon gage répondant au double ou au triple de la somme avancée; si, en outre, la caisse ne s'ouvre qu'à la condition de voir *démontré* le succès de l'entreprise qu'il s'agit d'encourager, on peut être assuré que le prêt ne se fera jamais, et la Chambre sait très-bien qu'elle n'avait ni cette garantie, ni cette démonstration

quand elle a consenti le prêt fait au chemin d'A-
lais. Ici, le gouvernement a voulu assurer le service de sa belle navigation à vapeur dans la Médi-
terranée, navigation féconde en grands résultats
qu'un avenir prochain se chargera de dévoiler; la
Chambre a, par son vote, secondé en cela les vues
du ministère; la Chambre a bien fait; mais, pour
bien faire, il lui a fallu sortir des règles étroites de
prudence dans lesquelles avaient voulu l'enfermer
ceux qui, dans des intentions diverses, désiraient
tout bas ce qu'ils n'osaient dire tout haut, savoir :
qu'un chemin de fer ne fût pas voté.

Le don d'une somme fixe. L'avantage le plus saillant
de ce mode, qui ne manque ni de grandeur ni d'efficacité, c'est de savoir au juste à quoi l'on s'engage.
L'État, connaissant exactement son sacrifice, il devient facile de combiner avec précision les moyens
de faire face aux dépenses qu'un pareil don lui im-
pose, et tout ministre des finances lui donnera la
préférence sur la garantie d'un *minimum* d'intérêt
susceptible de variations, et même sur un prêt
dont le remboursement sera toujours douteux,
pour le moins, quant à sa date.

Mais, à côté des avantages que je viens de signaler, se trouve un inconvénient très-grave, celui d'appeler l'agiotage sous sa forme la plus immorale. Je suis complétement d'avis, qu'il ne faut pas se faire de ce mot agiotage un monstre devant lequel on doive nécessairement reculer; l'agiotage est l'excès, l'abus, d'un autre mot, dont personne ne songe à rayer l'usage, c'est l'abus du commerce; et, toutes les fois que seront émises des valeurs sur lesquelles l'imagination pourra s'exalter ou s'effrayer, elles prêteront infailliblement à l'agiotage : c'est, comme tant d'autres questions, une question de plus et de moins dont la limite est insaisissable. Toutefois, de ce que la limite mathématique est insaisissable, cela ne veut pas dire qu'il n'en faille pas poser du tout ; et, ce qui caractérise à mes yeux la plus grande immoralité du don, c'est qu'il assure à l'entrepreneur *seul* un bénéfice considérable au détriment des capitalistes grands ou petits, qui fournissent réellement les sommes avec lesquelles l'entreprise est réalisée. Un exemple va rendre clairement ma pensée. Je supposerai que le travail à exécuter doive coûter

8o millions, et que le gouvernement en fournisse
20; il est évident qu'il s'agira de trouver 6o millions appelés à jouir des profits que doit donner
un ouvrage de 8o millions; ces 6o millions vau-
dront donc réellement 8o millions; ou, en d'autres termes, le jour où la loi aura été rendue,
chaque action *à émettre* aura une valeur non fic-
tive, mais vraie, du tiers en sus de la valeur nominale. On ne peut pas s'empêcher de reconnaître
qu'il y a là un don de 20 millions fait à un homme,
ou à un petit groupe d'hommes, don fait dans des
termes tels, qu'il n'en reste pas même une de ces
traces légères qui obligent à la reconnaissance. En
effet, l'entrepreneur dira : Voici mon travail terminé, il a vraiment coûté 8o millions; vous avez
bien voulu m'en donner 20; et, pour parfaire la
somme voulue, j'ai émis 6o,ooo actions de 1,ooo fr.;
vous voyez que mes engagements sont strictement
remplis. Je sais bien qu'on peut répondre : C'est à
merveille, si l'entreprise ne coûte que 8o millions;
mais, s'il en faut 1oo, le concessionnaire sera bien
obligé d'aller jusqu'au bout. Obligé, c'est précisé-

ment là la difficulté. Qu'objecterez-vous à la compagnie qui vous dira : Vous m'avez imposé un tracé, et vous m'avez assuré, d'après les calculs de vos ingénieurs, que son exécution coûterait 80 millions? Avez-vous crû, oui ou non, que telle était la somme nécessaire? Si vous ne l'avez pas cru, vous m'avez trompée, ce que je ne puis admettre; je suis convaincue, au contraire, que vous avez agi en toute loyauté : eh bien ! j'ai agi de même: je vais vous prouver que j'ai réellement employé 80 millions en travaux d'art, et que je me suis conformée en tous points aux injonctions de votre cahier des charges; votre devis, vous êtes obligé de le reconnaître, était donc fautif en ce point-ci et en celui-là; est-il juste que votre erreur soit à ma charge? A ce langage, répondrez-vous à l'entrepreneur qu'il a placé ses actions à un prix plus élevé que leur valeur nominale ? D'abord, vous n'en savez rien, vous n'en avez aucune preuve, car vous ignorez si c'est dans ses mains qu'elles ont fructifié et qu'elles ont atteint le chiffre auquel elles sont publiquement cotées. Mais ce n'est pas tout; remarquez que vous venez de répondre à l'entrepreneur, et que c'est la compagnie qui vous interrogeait; la compagnie, entendez-le bien, qui, elle, a vraiment versé 80 millions; c'est sur elle que vont porter les coups de votre rigueur, si vous l'exercez; car la seule réponse que vous puissiez lui faire, c'est qu'elle aura son recours contre l'entrepreneur. Il faut savoir reconnaître à l'avance des inconvénients si graves, et ne pas afficher une menaçante sévérité qui tomberait plus tard, quand il s'agirait de signer la ruine de nombreuses familles.

La garantie d'un minimum d'intérêt. En assurant par ce mode, un certain intérêt aux capitaux engagés, il est évident que le crédit particulier peut consacrer des sommes immenses à de grands travaux, puisque pour 30 millions, par exemple, payés en dix ans, le gouvernement pourrait déterminer l'exécution de travaux pour la somme de 1 milliard, en supposant qu'il garantit 3 pour 100. L'État n'ayant, dans le cas le plus défavorable, qu'une rente à payer, il peut répartir ce genre de subvention sur un grand nombre d'entreprises, et imprimer ainsi une grande activité sur des points multipliés. Il n'est engagé qu'autant que les capitaux seront dépensés, et, par conséquent, qu'autant que les travaux seront faits; il ne court donc pas la chance d'avances stériles. Enfin ses charges sont plus éloignées et distribuées dans un plus long intervalle que par aucun des autres modes. Voilà certes des avantages incontestables. Jetons un coup d'œil sur les inconvénients.

1° Quel est le capital dont l'État paiera l'intérêt convenu ? Ce capital sera-t-il représenté par le chiffre de l'évaluation du travail à exécuter, ou par le chiffre de la dépense réellement faite jusqu'au jour de l'achèvement des travaux ? Là s'élève une difficulté grave.

En équité, c'est ce dernier chiffre qu'il faudrait prendre pour base; mais quel moyen a-t-on de le constater ? et si des dépenses sont follement faites, dans l'assurance où l'on est que l'on touchera toujours tant pour cent; et si la compagnie se laisse duper dans des marchés importants; et si

elle n'est pas de bonne foi, faudra-t-il que le gouvernement paie l'intérêt du gaspillage, de l'inhabileté, ou même de la fraude? — D'un autre côté, en
n'assurant que l'intérêt d'une somme fixe, qui dans
aucun cas ne pourrait être dépassée, on n'atteint
pas le but qu'on s'est proposé; car la même somme
d'intérêts distribuée entre un plus grand nombre
d'actions ne répond plus à l'engagement pris vis-à-
vis des premiers capitaux confiés à l'entreprise, et
la sécurité qu'on a entendu leur donner disparaît.

2° La garantie sera-t-elle de tant pour cent d'une
manière absolue, c'est-à-dire quel que soit le produit brut; ou bien sera-t-elle combinée de telle
sorte que le produit brut entre dans la garantie? Je
vais rendre cette seconde objection plus claire.

Il faut compter, pour l'exploitation et l'entretien d'un chemin de fer, 10 pour 100 du capital
engagé. Supposons que le produit brut soit de 6
pour 100 de ce capital, le gouvernement, en ajou-
tant 4 pour 100, aura empêché l'affaire d'être en
perte, mais les actionnaires n'auront rien touché,
et si la condition est qu'en tout cas les actionnaires

touchent 4 pour 100, faudra-t-il que le gouvernement paie 8 pour 100, ce qui serait nécessaire
dans le cas que je viens de citer.

3° Malheureusement il reste une objection plus
grave encore : c'est la supposition où, tout frais
d'entretien et d'exploitation payés, il resterait aux
actionnaires un dividende de 4 pour 100, cas où
le gouvernement ne devrait rien payer, puisque la
condition voulue serait remplie. Ici, l'intérêt évident de la compagnie sera de comprendre toute
sa recette dans le produit brut, et de l'employer
de deux manières : en perfectionnements et amé-
liorations si elle procède avec sagesse ; en traite-
ments excessifs et superfluités, si la probité la plus
sévère ne préside pas à son administration. En effet, dans ces deux cas, on aura un compte de re-
cettes et dépenses qui se balancera, et l'État inter-
viendra pour payer aux actionnaires les 4 pour 100
que les chefs de l'administration auraient pu et dû
leur verser, mais qu'ils ont préféré employer autrement.

De ces trois difficultés naît pour le gouvernement l'obligation d'une intervention de tous les instants dans les comptes de la compagnie, et indépendamment des inconvénients attachés à une semblable surveillance, il est des cas nombreux où il deviendrait impossible d'éviter d'interminables débats. Telle dépense concerne-t-elle l'entretien ou est-elle un perfectionnement ajouté à un travail supposé complet? Telle dépense d'entretien est-elle vraiment nécessaire, et la feriez-vous si vous n'aviez pas un bénéfice *garanti?* Telle autre dépense doit-elle réellement concourir au succès de l'entreprise? A chaque pas les discussions entre l'utile et le luxe surviendraient infailliblement; et remarquons qu'il ne s'agit que du chemin de fer achevé. Que serait-ce donc si l'État, garantissant l'intérêt de la somme réellement dépensée, devait lutter durant tout le cours de l'exécution? On a dit plaisamment à la Chambre que l'intervention de la Cour des comptes serait indispensable; non-seulement cette plaisanterie avait un fonds de vérité; mais on peut ajouter que le gouvernement serait obligé d'employer à une pareille surveillance

un personnel presque égal à celui qui serait nécessaire pour l'exécution elle-même.

On voit combien sont nombreuses et réelles les
difficultés qui se pressent autour de cette pensée
de subvention du gouvernement pour des travaux
exécutés par les compagnies; et pourtant les inconvénients que nous venons de passer en revue,
ceux qui sont attachés aux trois modes possibles
de subvention, ne sont pas les seuls. Nous allons
achever de les mettre en saillie, et nous dirons
quelle est, à notre avis, la meilleure solution de ce
grand problème qui ne peut rester plus longtemps
enveloppé des nuages qui le couvrent, car tout
autour de nous les distances se rapprochent par la
rapidité des communications, et dans peu ce mouvement s'arrêterait à nos frontières. La France
n'est pas accoutumée à retarder la course de ses
voisins.

Après avoir passé en revue les nombreuses
difficultés qui entourent les trois modes de subvention proposés à la dernière session, j'ai dit que
ces difficultés n'étaient pas les seules; je vais mon-

trer qu'il en est d'autres essentiellement attachées au système mixte, et celles-là vont ressortir des *conditions de rachat.*

Il existe depuis longtemps en France de grands travaux publics exécutés par des particuliers, travaux qui, pour le dire en passant, ont été exécutés par les troupes (1); le canal de Loing, entre autres, est dans ce cas; il est une propriété privée, et c'est à dessein que je le cite, parce qu'il est un exemple remarquable des abus qui peuvent naître de ce genre de propriété. Aujourd'hui les possesseurs du canal de Loing, usant et abusant d'un tarif fixé dans le dernier siècle, et se refusant à le modifier malgré les changements survenus dans l'État du commerce en France, ont transformé un des plus puissants auxiliaires de l'industrie en un défilé dangereux où, seigneurs féodaux, ils

(1) En vertu de lettres patentes en forme d'édit, du mois de novembre 1719, M. le duc d'Orléans commença à employer, en 1720, plusieurs régiments à l'ouverture du *canal de Loing.* — L'exemple en avait déjà été donné.

D'après les ordres de Henri IV, Sully employa 6,000 hommes de troupes à l'ouverture du *canal de Briare,* de 1603 à 1610.

rançonnent impitoyablement les marchandises qui viennent à passer sur la grande route d'eau qui leur appartient. L'abus est poussé à un tel excès que les vassaux se sont indignés, et que le mot d'expropriation pour cause d'utilité publique a été prononcé; prochainement, peut-être, l'effet suivra-t-il la menace. Tout fait a sa valeur; cette résistance a eu pour bon résultat d'éclairer le gouvernement et de lui apprendre qu'en aucun cas il ne doit aliéner l'avenir, qu'en aucun cas il ne doit abandonner ceux de ses droits (et ceux-là sont nombreux) qui s'étendent à la protection de l'intérêt commun. C'est en vue de cet intérêt, qu'à l'occasion des grandes lignes de chemins de fer, il a voulu, dans les différents cahiers de charges, qu'une clause bien nette lui réservât le droit de rachat à des conditions fixées d'avance, et personne dans la Chambre n'a mis en doute ni la légitimité ni la haute importance de cette réserve. Mais à quelles conditions ce rachat aura-t-il lieu? Pour le chemin de Belgique, c'était le prix qui était fixé, 250,000 fr. par kilomètre, et une décroissance de 6,500 fr. par année et par kilomètre, était également déterminée. Pour le chemin de Rouen, le gouvernement s'engageait à racheter au taux moyen des actions pendant les trois années qui auraient précédé celle où il se serait décidé à faire usage de sa faculté de rachat. Le premier de ces modes de rachat, qui avait lieu simultanément avec le don d'une somme s'élevant au quart de la dépense, *semblait* combiné pour que tout fût à l'avantage des entrepreneurs; en effet, le premier bénéfice une fois réalisé, il devenait impossible que le taux des actions s'élevât dans les mains des porteurs; car au bout de quinze années, le temps de la construction compris, le gouvernement pouvait tout racheter moyennant 80 millions. Il avait, lui, le désavantage *de payer deux fois;* les actionnaires ne gagnaient rien, les entrepreneurs seuls, et peut-être quelques amis, devaient, comme je l'ai fait voir, bénéficier des 20 millions que l'État *remboursait* dans le rachat après les avoir *donnés* à titre de subvention.

Le second mode, celui qui avait été adopté pour le chemin de Rouen, était plus propre à appeler les capitaux aventureux; mais il faut avouer que les chances mauvaises y étaient grandes; car si des circonstances politiques plus ou moins inquiétantes venaient faire fléchir pendant un certain laps de temps le cours des actions, la moyenne de trois années pouvait devenir assez faible pour que le public, par les mains de l'État, eût un très-bon marché à faire en déclarant, à un instant donné, qu'il allait racheter. Mais n'entendez-vous pas déjà l'explosion des plaintes de la compagnie : « Hé quoi! » dirait-elle, depuis longues années j'ai dépensé » des sommes considérables à étudier une ligne » que vous ne m'avez pas même concédée, mais » que j'ai conquise en adjudication publique (1), » moyennant un rabais considérable sur la subven- » tion offerte. Procès, travaux, dépenses, tout a » été supporté par moi; c'est sur ma tête qu'ont » pesé le fardeau et la responsabilité de cette œuvre » qui vient à peine d'être achevée, et voici que

(1) Le chemin de Rouen devait être adjugé à la compagnie qui ferait le plus fort rabais sur la somme de sept millions, maximum de la subvention fixée.

» vous profitez d'un malheur public pour user d'un
» droit rigoureux, pour me ravir le fruit de mon
» travail. Dans un intérêt dont vous n'avez pas
» même à me rendre compte, vous me faites éprou-
» ver une perte énorme, vous me ruinez; ah!
» croyez-le bien, l'acte par lequel vous m'arrachez
» des avantages dont vous allez jouir portera, tou-
» jours et partout, un nom réprouvé, celui de
» spoliation. » Mettons de côté l'exagération des
formes et l'exaspération pathétique du financier
déçu, il resterait sans doute au fond de ce langage
quelque chose de vrai; or, plus on me montrera
qu'il y aurait justice dans ces réclamations, plus je
dirai que l'État doit éviter ces positions où sa dignité, le respect de lui-même, l'obligent à jouer
un jeu par trop inégal. Les compagnies, elles, ne
sont pas tenues à ces ménagements qu'on exige de
la délicatesse du gouvernement; elles agissent avec
toute la rigueur de leurs marchés; la Compagnie
des quatre canaux, en réclamant une certaine indemnité dont j'ai eu occasion de parler ailleurs (1)

(1) Voyez page 59 de cette brochure.

a donné la mesure de ce qu'on peut attendre des relations de cette nature. Le fait est donc bien connu, il faut se le tenir pour dit, on refuse au gouvernement le droit de faire ce que ferait à coup sûr un particulier placé dans les mêmes circonstances. D'un autre côté, si une haute importance s'attache à ce que la ligne soit rachetée, l'État est exposé à la payer bien au-delà de sa valeur; car cette importance n'apparaît pas subitement, on la voit naître et grandir. Le projet qui va rendre ce rachat indispensable peut rester longtemps en suspens devant les Chambres; et les spéculateurs, on le sait, sont habiles à faire hausser certaines valeurs à un certain instant. On voit donc ici l'État, ne pouvant acheter bon marché par délicatesse, achetant cher par nécessité, et ne réparant qu'à prix d'or la faute d'avoir aliéné ce que l'on peut bien appeler le présent, puisqu'il n'aliénait qu'un avenir de quinze années. Ce qui restait permanent dans les deux combinaisons, dans celle du chemin de Belgique, comme dans celle du chemin de Rouen, c'est que le Trésor payait deux fois; inconvénient presque ridicule, mais qui disparaîtrait totalement, notons-le bien, le jour où il n'y aurait pas subvention.

Quels que soient les inconvénients attachés aux diverses conditions de rachat que l'on peut imaginer, la Chambre a été, on peut le dire, unanime sur la nécessité de cette réserve, parce que la Chambre a parfaitement compris quelles pouvaient être un jour les conséquences de tous ces intérêts privés tenant dans leurs mains la plus grande des puissances connues, la vapeur en mouvement.

Nous voici au terme des difficultés; nous les avons abordées franchement, sans chercher à en dissimuler la profondeur; et pourtant, dans notre conviction, les chemins de fer doivent s'exécuter. Le moyen mixte d'intervention serait-il un rêve? Le vote de la Chambre ne cacherait-il pas un grand enseignement? C'est ici que se présente avec tout son poids cette question de laquelle M. Vivien disait: « Maintenant, quant au mode de concours » du gouvernement, je ne reviendrai pas sur cette

» grande pensée que tout le monde énonce, et que
» personne n'ose appliquer, et qui donnerait au
» gouvernement le soin d'appliquer les chemins
» de fer. » (*Séance du 19 juin.*)

En effet, toutes les opinions, vaincues par la résistance des obstacles, semblaient se réunir dans cette grande pensée. Écoutez M. Berryer : «Je n'hé-
» site pas à le dire, je voudrais que le gouverne-
» ment pût faire les grandes lignes de chemins de
» fer dont je viens de parler ; je désirerais qu'il
» pût les faire par lui-même, par le Trésor pu-
» blic ; je ne dissimule pas ma pensée à cet égard ;
» mais je conviens que dans l'état actuel des choses,
» la proposition en est, en quelque sorte, non
» présentable.» La proposition, il faut l'avouer, méritait que M. Berryer expliquât pourquoi elle n'était pas présentable, car M. Mallet n'hésitait pas à la présenter, et ce que M. Fould appelait *son* système était le système de beaucoup de bons esprits. «Ainsi, dans mon système, disait
» M. Fould, il faut que le gouvernement fasse les
» grandes lignes, et que les lignes secondaires se

» fassent aux frais des particuliers et sans subven-
» tion. »

M. Duchâtel n'était pas moins explicite. Après avoir signalé les dangers d'une crise financière, dangers qui pourraient naître de l'agiotage stimulé par les divers modes de subvention, il ajoutait : « C'est là un grand danger. C'est aussi pour cette » raison que, tout en accordant à l'industrie privée » la puissance, les avantages que tout le monde lui » reconnaît, je vois que, pour des entreprises nou- » velles, il y aurait peut-être plus de sécurité dans » l'exécution par le gouvernement. Il serait peut- » être meilleur qu'une grande expérience fût faite, » dans laquelle, risques et bénéfices, tout serait au » compte de la puissance publique. »

Arrivons donc enfin à dire la vérité sur ce qui s'est passé à la dernière session. La vérité, c'est que tout le monde a eu peur. Les compagnies n'ont pas osé exécuter seules, elles ont imploré la sub- vention. Le gouvernement, lui, n'a pas osé dire que son droit et son devoir étaient d'exécuter par lui-même et de rester, en tous points, dépositaire de la puissance qui lui est confiée. Il a tenté de faire faire ce qu'il craignait d'entreprendre, et il s'est réservé de racheter plus tard afin de rentrer dans son rôle, afin de se relever de son abdication momentanée, et de redevenir le maître. Dans notre pensée, c'est dès aujourd'hui qu'il doit oser être le maître. Le rachat, appliqué aux grandes lignes, n'est qu'un moyen bâtard, humiliant pour l'État, onéreux pour le pays, et la France ne veut ni l'humiliation du pouvoir ni le gaspillage de ses deniers. Elle sent que l'instant est venu pour elle d'entrer dans une ère de développement industriel, et après avoir attendu patiemment et vainement que l'on débrouillât le chaos des moyens mixtes, elle veut sans plus de retard l'exécution des grands travaux qui doivent assurer sa prospérité. Rapporter à la Chambre, même revues et corrigées, les propositions qu'on lui a faites au commencement de cette année, ce serait venir demander encore un vote d'ajournement. La Chambre ne résoudra pas en 1838 les problèmes qu'elle n'a pas résolus en 1837; car ces problèmes d'intervention portent sur le front la tache originelle de leur naissance. L'excès de la méfiance les a engendrés, et ils sont marqués d'un signe particulier qui les voue à la stérilité; ce signe, c'est d'être insolubles, ou de ne comporter que des solutions vicieuses : ce sont des enfants de ténèbres.

Écartons un instant les préjugés que les canaux de la Restauration nous ont légués, et nous verrons qu'au moyen de l'exécution par l'État, presque toutes les difficultés sont aplanies et qu'une organisation puissante est prête à répondre de l'exécution : sur les points divers, les préfets et les sous préfets venant en aide et agissant avec ensemble ; pour les finances, les receveurs de tous les étages ; pour les constructions, le corps des ponts-et-chaussées ; pour la partie métallurgique, le corps des mines. Veut-on appliquer les troupes à ces grands travaux ? on a l'expérience de ce qui s'est passé en Bretagne et en Vendée, et, cette fois, c'est au génie militaire qu'appartiendra l'honneur de commander les travailleurs. Ponts-et-chaussées, mines, génie militaire, toutes ces carrières remplies d'hommes puisés à une source unique et féconde, rivaliseraient de zèle pour l'accomplissement de l'œuvre la plus magnifique que puisse rêver un règne, qui a compris l'honneur avec la paix, la gloire avec le bonheur. Tous seraient jaloux de montrer à la France ce qu'elle est en droit d'attendre de cette école Polytechnique qu'elle admire pour ses talents, qu'elle aime pour son dévouement, mais dont elle devra s'enorgueillir à bien plus juste titre quand elle verra ce que peuvent ses forces combinées, et quand elle recevra de ses mains les chefs-d'œuvre de la paix, après lui avoir dû les plus brillants trophées de la guerre.

Peut-être, dans le cas où les régiments du génie seraient appelés sous le drapeau pacifique, se présentera-t-il une difficulté pratique dans le concours de corps civils et d'un corps militaire obligés d'obéir au commandement d'une même voix. Je ne recule en aucune façon devant la nécessité de tenir compte de toutes les susceptibilités qui ont une source honorable. Je verrais la solution de ce point délicat dans la présence d'un chef si haut placé que, devant lui , toutes les exigences soient heureuses de plier, et que toute rivalité devienne émulation. La guerre a ses lauriers, la marine a sa grandeur, l'industrie a aussi sa gloire et sa poésie. Nul ne connaît l'éclat des couronnes que l'avenir réserve aux conquêtes de la paix.

La question financière reste à résoudre. Est-ce à l'emprunt ou à l'impôt qu'il faut demander les capitaux nécessaires pour accomplir cette œuvre vraiment nationale ? Je vais laisser répondre un ancien ministre des finances, M. Laffitte : «Le contribuable,
» disait cet habile financier, se plaint ; il est prêt à
» se révolter, quand on lui demande au-delà d'une
» certaine somme d'impôts. Le capitaliste, au con-
» traire, se présente lui-même et vient vous offrir
» le capital dont vous avez besoin. L'un de ces pro-
» cédés est difficile et dangereux, l'autre facile et
» commode. C'est que l'impôt prend les capitaux
» *où ils ne sont pas;* il les prend dans les bourgs,
» dans les campagnes souvent les plus incultes et
» les plus pauvres : l'emprunt les prend *où ils sont,*
» dans les grandes villes et les capitales. L'impôt

» les prend où ils coûtent 10, 12 et quelquefois 13
» pour 100; l'emprunt là où ils coûtent 4 à 5, et
» où ils s'offrent eux-mêmes. »

On aurait pu dire, en termes plus généraux, qu'en toute circonstance il faut savoir chercher la force où elle peut être, pour la prendre là où elle est; mais on ne saurait faire valoir en termes plus clairs les avantages des emprunts sur les impôts. Le crédit particulier aurait donc deux rôles bien nets, dignes tous deux de sa puissance et de son activité : il participerait aux grandes lignes par les emprunts du gouvernement, devenu entrepreneur à ses risques et périls; il exécuterait par lui-même les lignes secondaires que l'État lui *concéderait* sans subvention et sous la réserve du rachat aux conditions que je vais dire.

Ce qui me paraîtrait complètement juste, ce serait que le rachat eût lieu moyennant un capital déterminé par le taux moyen des dividendes comptés aux actionnaires, ce capital étant calculé d'après le taux le plus bas de l'intérêt public de l'argent pendant le même laps de temps. Ainsi

chaque action a touché moyennement une somme
A pendant vingt annnées d'exploitation; pendant
le même temps le cours le plus élevé de la rente 5
pour 100 a été B; le prix de chaque action serait
déterminé par la formule

$$x = \frac{A \cdot B}{5}$$

Il ne resterait plus qu'à introduire dans cette formule l'élément du temps, c'est-à-dire à calculer la
véritable valeur à l'instant du remboursement, valeur qui serait variable selon l'époque plus ou
moins avancée de la concession. D'une part, A et
B seraient deux éléments toujours faciles à connaître, et la compagnie serait remboursée des avantages réels qu'elle aurait créés; d'une autre part,
on mettrait un frein à l'agiotage, en même temps
que la compagnie aurait intérêt à donner le plus
fort dividende possible aux actionnaires. En un
mot, par ce moyen, les intérêts de l'État, ceux de
la Compagnie, ceux des actionnaires seraient à
l'abri de tout froissement injuste. Je ne veux pas

finir sans dire un mot des clauses à insérer dans les cahiers de charges qu'il s'agira d'imposer aux compagnies concessionnaires des lignes accessoires.

Le but à atteindre est bien net ; il s'agit de couvrir la France d'un réseau de chemins de fer. Dans quelque temps que ce grand travail s'accomplisse chaque fraction qui s'exécute ou va s'exécuter est destinée à former plus tôt ou plus tard une des parties d'un même tout ; la réserve de la condition de rachat est vide de sens si elle n'est pas l'expression de cette prévision ; il est donc indispensable de préparer le même système d'uniformité que l'on adopterait infailliblement si l'on exécutait l'ensemble d'un seul jet. Or, ici, l'égalité de voie est tout-à-fait insuffisante. Jusqu'à ce jour on a laissé aux compagnies la latitude d'adopter un rail particulier ; et chaque ingénieur a agi comme s'il eût tenu à l'honneur, si facile pourtant, d'avoir un rail de *son invention*. La conséquence de tous ces efforts de génie, c'est que le jour du rachat, le gouvernement ne pourra pas faire communiquer les diverses parties entre elles. Il lui faudra changer les rails, par conséquent changer aussi les supports en fonte, par conséquent encore retravailler soit les dés, soit les traverses en bois, c'est-à-dire que l'État aura *tout payé* et qu'en réalité on ne lui aura livré que des terrassements et des travaux d'art (1). De là, la nécessité d'établir dans les cahiers de charges des conditions de construction telles que quand toutes les lignes partielles entreront dans la même main, elles semblent avoir été construites par une même main. L'intérêt public le veut ainsi, et cette volonté ne froisse en rien, ici, l'intérêt privé. Je n'entrerai pas dans de plus nombreux développements, je me contente d'avoir indiqué un point qui mérite sérieuse attention, et qui avait tout à fait échappé à la discussion de la Chambre.

On a vu comment l'examen sincère des différents modes d'intervention nous a mis en présence d'ob-

(1) Dans le cas le plus général, ces terrassements et travaux d'art feraient les deux tiers de la dépense totale, j'en conviens. Mais pourquoi courir la chance de perdre un tiers de la dépense et beaucoup de temps, quand il est facile de faire autrement?

stacles nombreux, tous graves, tous insurmon-
tables, et comment nous avons été conduits invin-
ciblement à reconnaître que cette intervention devait être totale. C'est qu'en effet, non seulement
par là les mille difficultés que nous avons mises en
saillie se trouvent levées, mais les grandes règles
d'égalité que l'on a tant invoquées sont observées
et ne sauraient l'être autrement. Les chances diverses, dans une même caisse, peuvent se com-
penser, et si le bénéfice est faible ou nul, l'État
est le seul ici qui puisse aller même jusqu'à perdre, et pourtant gagner encore, car ses revenus
s'augmenteront de toute l'augmentation qui aura
nécessairement lieu sur les produits indirects. Seul,
il peut approcher plus tard de la limite qu'on
n'atteindra peut-être jamais, limite qui consisterait
à placer les chemins de fer et leur usage dans le
domaine public, à l'égal des grandes routes ordinaires.

Des avantages si évidents n'ont pas à craindre
d'objections sérieuses de la Chambre qui va naître.
Que le gouvernement, sûr de sa force, comme il

l'est de son désir, se présente plein de confiance dans cette armée polytechnique qui ne lui demande qu'une occasion de signaler sa *valeur*; qu'il réclame les moyens de doter la France de ces grandes lignes que l'on a appelées les voies de la civilisation, et la Chambre, applaudissant à sa noble assurance, lui répondra : « La France le veut! »

TABLE DES MATIÈRES.

ERRATA.

Page 9. — Voici remises, *lisez :* voici remise.

Page 52, ligne 10. — Possibles, *lisez :* possible.

www.ingramcontent.com/pod-product-compliance
Lightning Source LLC
LaVergne TN
LVHW020210030726
842520LV00003B/981